Para mi sobrina Valeria.
Por toda la felicidad que ha traído con ella.

Robonauts® de NASA. RX78® de Sunrise Inc. PICO® de Sandia National Labs. Industrial Robot de Kuka® Robotics. HEXBUG®es una marca comercial de Innovation First Labs. Algunas fotos y su información son propiedad de su respectivo autor, fabricante y/o propietario de los derechos. Son citados en este libro debido a su relación o relevancia. La información y nombres de marcas usados aquí, son únicamente para propósitos educativos y para preservar la información de los robots, para futuras generaciones.

ISBN: 978-1-943141-09-8
PH: 305 848 3517 USA
PH: +57 312 840 5570 COL

Robot Story

Miami, FL, USA

Tabla de contenido

Robots famosos

Los siguientes Robots son famosos porque fueron desarrollados por grandes fabricantes industriales o por laboratorios de investigación, en industrias o universidades.

Hemos tratado de darle el nombre del primero (persona o empresa) que haya desarrollado el concepto o nombre del Robot.

En algunos otros casos, cuando el Robot es diseñado en una empresa por un artista, ingeniero o diseñador industrial, aunque la empresa es dueña de los **derechos**, es a la persona a la que se le considera el creador del Robot.

Puma
Unimate
1966

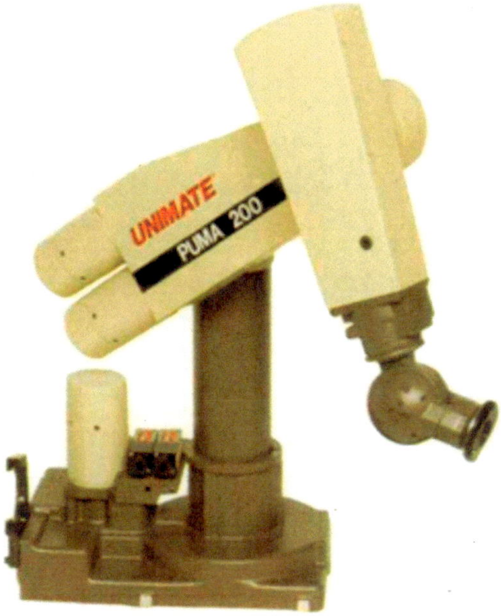

Este es uno de los primeros brazos robóticos comerciales con 6 **grados de libertad**. Se usa en aplicaciones industriales tales como:
organizar, mover, cargar y ensamblar partes de maquinaria.

Su inventor, George Charles Devol, Jr, tiene la primera **patente** de un Robot Industrial.

La compañía Unimate desarrolló este Robot para General Motors.

Ásimo Honda
1986

Ásimo es uno de los **humanoides** mas **innovadores** en la robótica.

Este **experimento** tecnológico inició en 1986 y terminó en un Robot **bípedo** que puede caminar, correr y trepar. Tiene **reconocimiento facial** y **comandos de voz**.

Los últimos modelos tienen menos peso (54kg) y pueden trabajar por una hora.

Tiene manos con cinco dedos, lo que le permite tomar diferentes objetos firmemente. Ásimo mide solamente 1,3 metros de alto.

Mars Pathfinder

NASA

1992

Este Robot fue desarrollado por la NASA como una **demostración** de cómo aterrizar un vehículo, con instrumentos **sofisticados** y funciones robóticas autónomas, en la superficie del planeta Marte.

Cuenta con seis ruedas y un **panel solar**.

Aibo

Sony

1999

AIBO es un perro Robot fabricado por Sony Corporation, como una **plataforma** de bajo costo para la Inteligencia **Artificial**.

Fue diseñado para tener Robots con **auto-aprendizaje** y que puedan crecer su conocimiento.

Este Robot mascota autónomo ya no está en el mercado.

Entusiastas del Robot pueden **descargar** las herramientas de **programación**, directamente del **sitio web** de Sony.

Robonautas

Nasa y GM

2000

La Administración Espacial y Aeronáutica Nacional (NASA) y la General Motors (GM) de los Estados Unidos, están desarrollando Robots súper avanzados, para ayudar a los **Astronautas** a hacer su trabajo en el espacio.

Estos Robots se llaman **Robonautas**.

Misiones espaciales del futuro utilizarán Robonautas como parte de su **tripulación**.

Esta página se ha dejado intencionalmente en blanco

Si necesita ayuda, envíe un email a sales@latin-tech.net

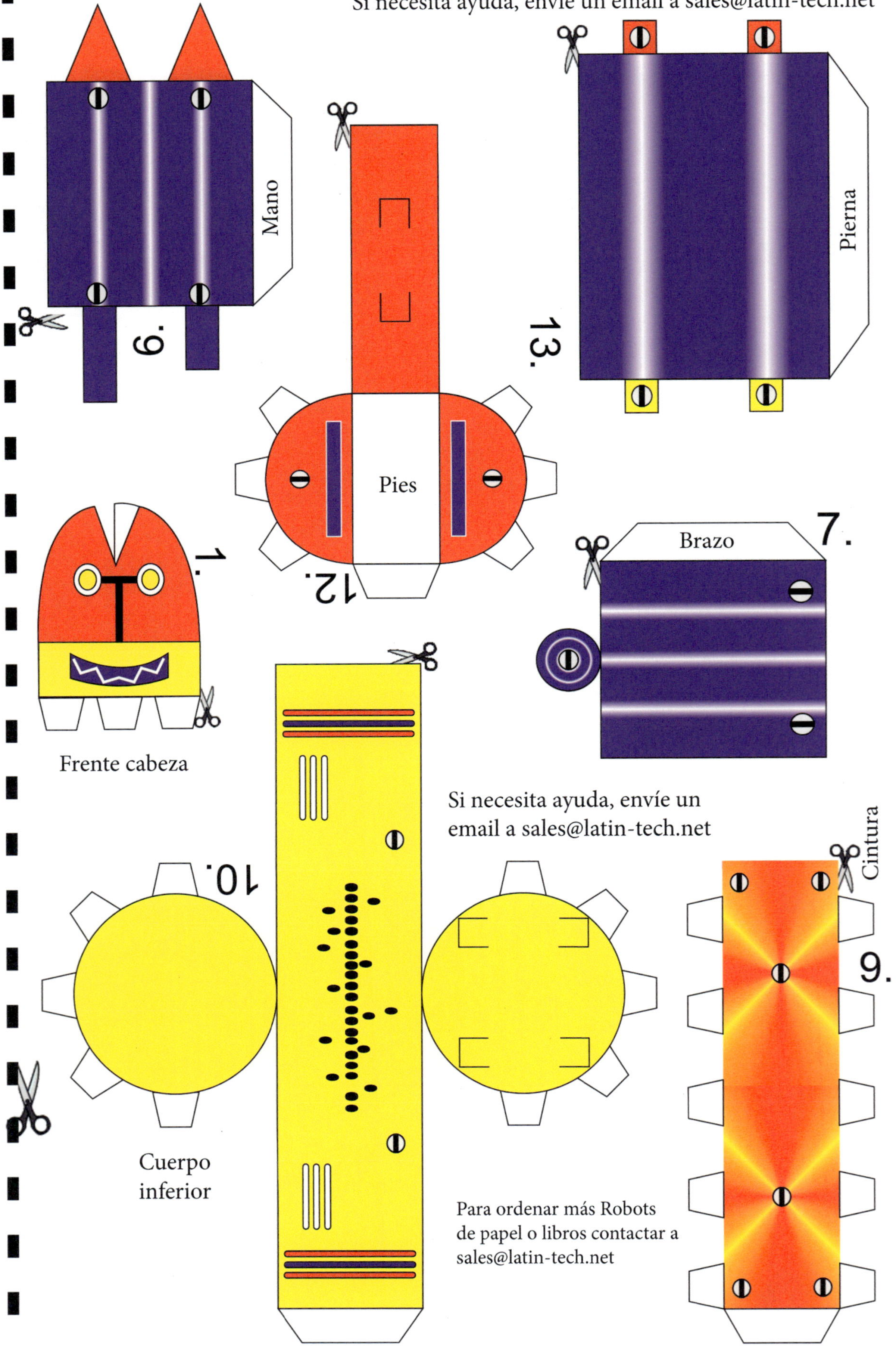

Si necesita ayuda, envíe un
email a sales@latin-tech.net

Para ordenar más Robots
de papel o libros contactar a
sales@latin-tech.net

RT

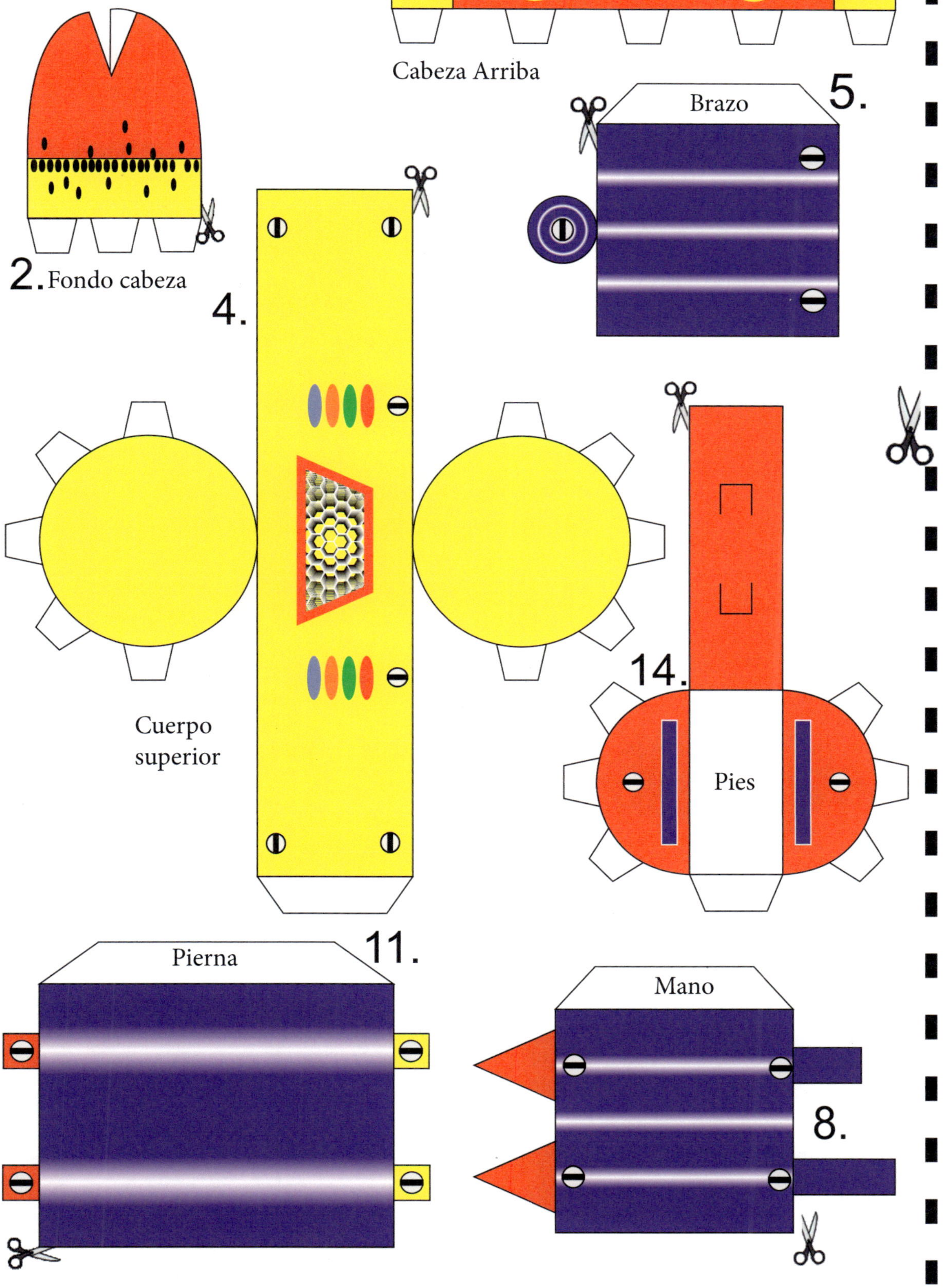

Para ordenar más Robots de papel o libros contactar a sales@latin-tech.net

Esta página se ha dejado intencionalmente en blanco

Qrio
Sony
2003

Este Robot fue uno de los primeros modelos en caminar, pero nunca salió a ser vendido en el mercado.

Fue fabricado por SONY Corporation y su producción se interrumpió en el año 2006.

Qrio es un androide **autónomo** que puede reconocer voces y rostros. Funciona con batería durante una hora.

La altura total es de alrededor de 60 centímetros. Este Robot fué, de lejos, una de las mejores maneras de **visualizar** el futuro... en el presente.

Insbot

IT Haifa

2009

El profesor Moshe Shaham, director del Laboratorio de Robótica en Israel y su equipo del laboratorio de robótica en el Instituto de Tecnología en Haifa Technion, han desarrollado una mosca robótica muy pequeña, que puede ser introducida en el cuerpo humano para **destapar arterias** e inyectar mini **dosis** de medicinas en partes **infectadas**.

Midiendo solamente 1 mm, este Robot puede volar a una velocidad de 9 mm por segundo, mientras que es controlado por un **campo magnético** externo.

Este pequeño Robot está basado en la tecnología de los sistemas micro electro-mecánicos (Micro-Electro-Mechanical-Systems MEMS).

RiSe
DARPA
2005

RiSe es un nuevo Robot desarrollado por Boston Dynamics en **colaboración** con la Universidad de Pennsylvania, Carnegie Mellon,UC Berkeley, Stanford y la Universidad Lewis and Clark.

Recibió **fondos** de la agencia DARPA (**D**efense **A**dvanced **R**esearch **P**rojects **A**gency).

Boston Dynamics es una compañía que se especializa en Robots avanzados con muy sofisticada movilidad, **agilidad**, **destreza** y velocidad.

Tiene seis piernas, cada una de las cuales cuenta es manejada con dos motores. El Robot puede adaptar su **postura** de acuerdo con la superficie que esté trepando.

Luce como una lagartija tipo Gecko, pero el animal real solamente tiene cuatro patas.

BigDog
DARPA
2005

Este Robot también ha sido financiado por DARPA y desarrollado por Boston Dynamics. BigDog es un Robot caminador de 75 centímetros de altura, 90 centímetros de longitud y cuatro patas.

Este Robot es muy fuerte y luce como una pequeña **mula**. Su peso es de 240 Libras.

Puede correr a una velocidad de 4 millas por hora, trepa **pendientes** de hasta 35 grados de **inclinación**.

También camina sobre la nieve, superficies con agua y además puede llevar cargas pesadas de hasta 340 libras, sobre cualquier tipo de superficie.

Este Robot tiene **sensores** y controles de muy alta tecnología para su operación autónoma.

Recientemente, la misma compañía, ha lanzado otra versión del mismo Robot pero de menor tamaño llamada “LittleDog”.

Mini Ejército de Robots

Universidad de Pennsylvania

2011

Alex Kushleyev y Daniel Mellinger del Laboratorio General de Robótica, Automatización, Sensado y **Percepción** (General Robotics, Automation, Sensing and Perception-GRASP), de la Universidad de Pennsylvania, presentaron recientemente unos mini Robots voladores muy pequeños y muy **inteligentes**.

Usan sensores y controles complejos para ser capaces de volar, **rotar** y viajar a través de **obstáculos**. Pueden **cooperar** con otros Robots, como si fueran un equipo.

Pueden ser usados en situaciones difíciles cuando la vida de los humanos pudiera estar en peligro, como en el caso de fuego o **radioactividad**. También pueden hacer cosas creativas, como formar una **orquesta** y tocar diferentes instrumentos musicales.

Micro-Robots Voladores

Universidad de Waterloo

2009

El Investigador canadiense Behrad Khamesee y su equipo, de la Universidad de Waterloo, han desarrollado un **micro** Robot volador que puede **manipular** objetos y portar pequeñas herramientas.

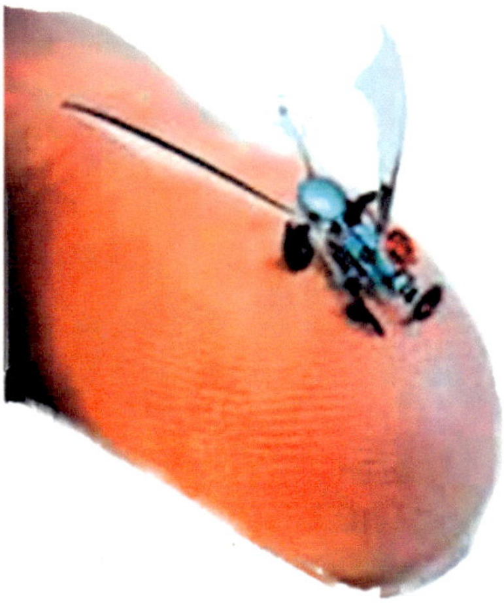

Estas herramientas pueden ser usadas en muchas aplicaciones a escala "micro" como **cirugías**, ensamble de muy pequeñas piezas mecánicas o ayudar en el **diagnóstico** del cuerpo humano.

Este Robot también está basado en la tecnología de los sistemas micro electro-mecánicos (Micro-Electro-Mechanical-Systems-MEMS).

El Robot usa la energía del campo magnético para volar. Tiene sensores y electrónica muy **sofisticada**.

HRP-4C
AIST
2009

El Instituto Nacional de Ciencia y Tecnología Industrial Avanzada (National Institute of Advanced Industrial Science and Technology-AIST) en Tokyo (Japón), ha desarrollado un Robot que realmente luce y se mueve como una persona.

Es una chica androide llamada HRP-4C. El Robot pesa 95 lbs y tiene 1,6 metros de altura.

Lo maravilloso de este Robot es que puede mostrar algunas **emociones** o expresiones en su cara.

Cuando camina, lo hace como una persona real.

También puede cantar y bailar.

Robots Corredores

Un concurso de robótica muy particular, tuvo lugar en la ciudad japonesa de Osaka:

La Primera **maratón** del mundo sólo para Robots.

Varios Robots bípedos, de la altura de tus rodillas, tienen que correr un maratón de 422 **vueltas,** en una **pista cubierta**.

A los propietarios de los Robots sólo se les permite reemplazar las baterías o cargar sus motores. Si por alguna razón el Robot se cae, él mismo debe ser capaz de levantarse o sino debe salir de la competencia.

Algunos Robots practicaron y **estiraron** sus piernas antes de salir a competir.

Vocabulario

Agilidad: Capacidad para hacer movimientos fácilmente y rápidos.

Arterias: Conductos que portan la sangre fuera del corazón.

Artificial: Algo hecho por los humanos.

Autónomo: Que puede hacer cosas y tomar decisiones por sí mismo, hasta cierto grado de dificultad.

Bípedo: Con dos piernas.

Colaboración: Que trabajan juntos.

Comandos: Una orden dada con autoridad.

Cooperar: Trabajar juntos.

Tripulación: Grupo de personas que dirige y controla una nave.

Entusiastas: Personas que gustan bastante de algo.

Humanoides: Que lucen como un ser humano.

Grados de Libertad: El número de posibles movimientos independientes que un brazo de Robot puede hacer.

Demostración: Prototipo, unidad para pruebas.

Destreza: Movimientos con precisión.

Diagnóstico: Identificación de una enfermedad

Descargar: Obtener un software desde la web.

Experimento: Procedimiento científico para chequear o descubrir algo.

Reconocimiento Facial: Cuando un Robot es capaz de conocer el rostro de la persona que tenga en el frente.

Innovadores: Algo que es nuevo y que le gusta a la gente.

Pista cubierta: Un lugar donde se compite bajo techo.

Infectadas: Contaminadas con virus o microorganismos.

Vueltas: En una carrera, llegar al sitio donde se inició.

Campo magnético: Una fuerza invisible similar a la fuerza producida por imanes.

Manipular: Tomar y mover a un lugar diferente.

Maratón: Carrera de larga distancia.

Micro: Un tamaño pequeño.

Mula: El animal que sale de una hembra de caballo y un burro macho.

Obstáculos: Cosas que bloquean el paso.

Orquesta: Grupo de músicos.

Patente: Documento que dice que una persona fué el primero en la idea o su implementación.

Vocabulario

Percepción: la idea que se tiene de algo a través de los sentidos.

Plataforma: Sistema básico para ayudar en el desarrollo de mas Robots.

Postura: Posición del cuerpo o de partes del cuerpo.

Programación: Instructiones para automatizar las tareas.

Radioactividad: Partículas atómicas invisibles y peligrosas que salen de algunos elementos.

Robonautas: Robot diseñados por la NASA para ser usados en misiones espaciales.

Rotar: Dar vueltas alrededor de un centro.

Auto-aprendizaje: Adquirir el conocimiento por uno mismo.

Sensores: Dispositivos que ayuda a detectar que hay alrededor de tí.

Sofisticada: Algo de alta complejidad.

Destapar: Retirar algo que bloquea el paso.

Visualizar: Imaginar.

Astronautas: Personas que trabaján en el espacio exterior.

Derechos: Un permiso moral o legal para hacer o tener algo.

Dosis: Medicamento que debe administrarse en una cantidad específica.

Comandos de voz: Dar órdenes a un Robot a través de la voz.

Sitio web: Lugar en Internet acerca de una empresa.

Pendientes: Superficies inclinadas.

Inteligentes: De muchas habilidades mentales.

Panel Solar: Dispositivo que convierte la luz del sol en electricidad.

Estiraron: Extender una parte del cuerpo a su longitud total.

Cirugías: Operaciones o procedimientos para retirar una parte o el total de una aparte del cuerpo o de un órgano.

Inclinación: Acción de inclinar o inclinarse.

Emociones: Estados de ánimo.

RT

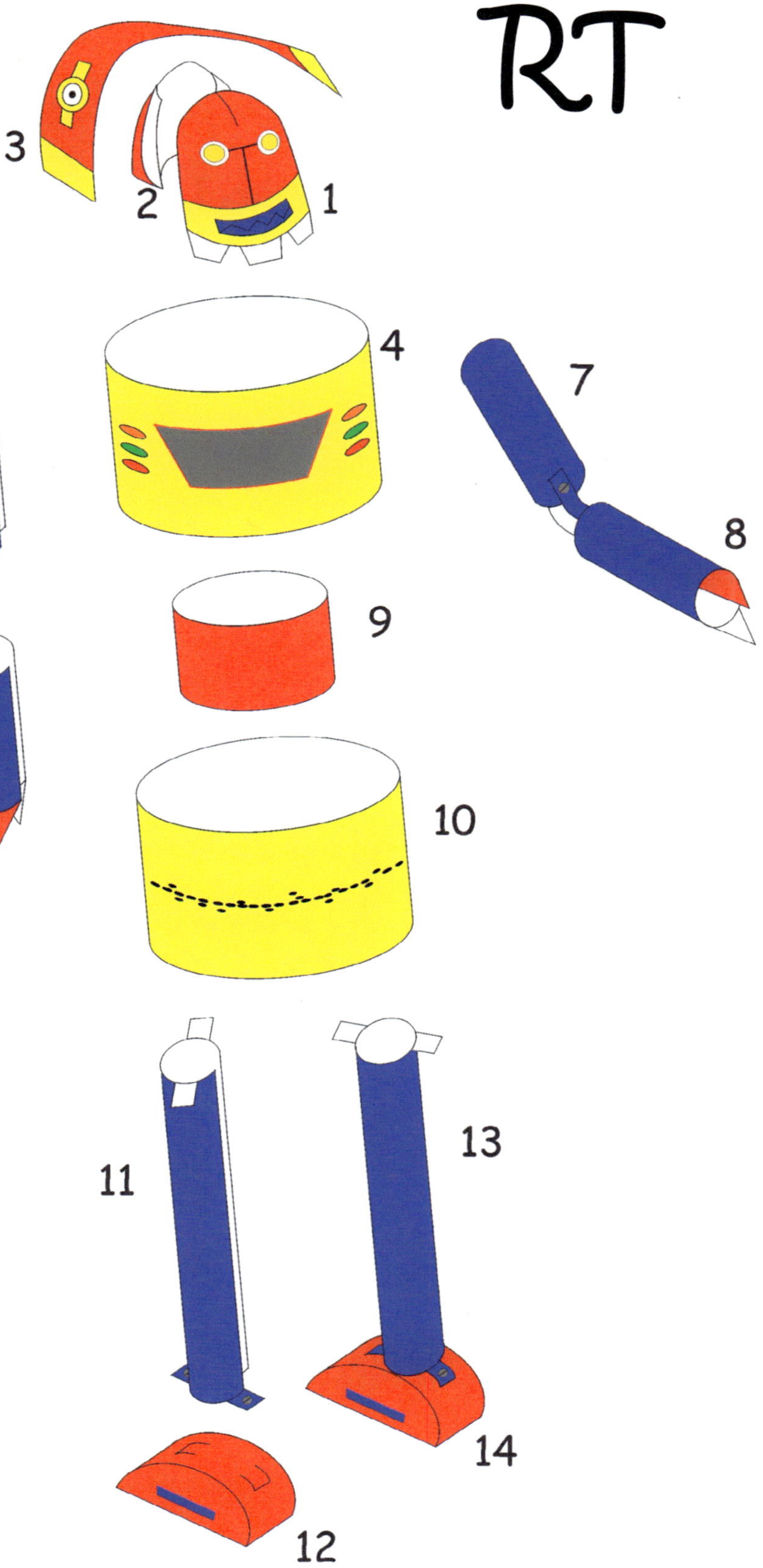

Made in the USA
Monee, IL
05 November 2026

67381714R00017